北京汉石桥湿地植物病害与菌物图册

朱绍文　潘彦平　蔡春轶　主编

科学出版社

北　京

内 容 简 介

北京市顺义区汉石桥湿地自然保护区（简称汉石桥湿地）作为北京市平原地区唯一的大型芦苇沼泽湿地，生物资源十分丰富，已记录植物 69 科 292 种，鸟类 14 目 46 科 153 种。作为北京市平原地区典型的水生、半水生生境，植物病害种类多样，菌物资源丰富，有枝枯病、叶斑病、锈病、白粉病以及大型担子菌等。作者系统地对汉石桥湿地的植物病害与菌物进行了采集与鉴定，并拍摄了高质量的大型真菌野外照片与部分病原真菌的微观照片，图文并茂地呈现给读者。本书共收录了汉石桥湿地真菌病害 65 种、菌物 30 种、生理性病害 4 种、黏菌 1 种和菟丝子 1 种，涵盖 6 纲 20 目 43 科 60 属（其中 1 纲和 2 目分类地位未定）。

本书可作为北京及周边地区各高等农林院校师生、农林植保相关领域科技工作者的参考资料。

图书在版编目（CIP）数据

北京汉石桥湿地植物病害与菌物图册/朱绍文，潘彦平，蔡春轶主编. —北京：科学出版社，2018.6
　ISBN 978-7-03-057224-0

Ⅰ. ①北⋯　Ⅱ. ①朱⋯　②潘⋯　③蔡⋯　Ⅲ. ①沼泽化地 - 病害 - 顺义区 - 图集 ②沼泽化地 - 菌类植物 - 顺义区 - 图集　Ⅳ. ① Q948.521-64 ② S432-64

中国版本图书馆 CIP 数据核字（2018）第 083363 号

责任编辑：李　悦　田明霞/责任校对：郑金红
责任印制：肖　兴/封面设计：北京宏源广顺文化发展有限公司

科 学 出 版 社 出版
北京东黄城根北街 16 号
邮政编码：100717
http://www.sciencep.com

中国科学院印刷厂 印刷
科学出版社发行　各地新华书店经销
*

2018 年 6 月第 一 版　　开本：720×1000　1/16
2018 年 6 月第一次印刷　　印张：8
字数：158 000

定价：108.00 元

《北京汉石桥湿地植物病害与菌物图册》

编 委 会

目 录

1 汉石桥湿地简介

北京市顺义区汉石桥湿地自然保护区（简称汉石桥湿地）位于北京东平原地带，顺义区杨镇镇域西南，距离顺义城区 13km，北京主城区约 35km。汉石桥湿地的范围以芦苇沼泽湿地为核心，北至顺平路、东至木燕路、南至顺平南线、西至李木路，涉及杨镇、李遂镇和南彩镇的部分区域，总面积为 1900hm²，是北京市平原地区唯一的大型芦苇沼泽湿地。汉石桥湿地的土壤以沼泽土、潮土、湿地土壤类型为主，土质黏重，水分不易下泄。在汉石桥湿地内，由于不断积水，土壤经常处于还原状态，生长有芦苇、菖蒲等水生植物，土体内有丰富的腐泥层，有机质累积于地表，植被主要分布于保护区的核心区和缓冲区内。温度和水分分布变化使这里形成了较为明显的植被分布区，并且有丰富的植物种类。植物种类丰富在一定程度上也导致了林木病原真菌的寄生植物数量大、种类多。汉石桥湿地主要划分为核心区和实验区，核心区面积 163.5hm²，是保护区的核心和精华，应实行全封闭保护，控制人员进入；实验区面积 1724.4hm²，主要是用来开展科研、科普等方面工作。针对汉石桥湿地不同功能区的植被分布差异及对优势病害类型和主要的病原种类进行调查与分析，对汉石桥湿地的生物多样性研究、保护及林木病害的防治具有重要的意义。

2 汉石桥湿地植物病害和菌物概况

2.1 病原菌和菌物概况

本图册共记载了 65 种真菌病害、30 种菌物、4 种生理性病害、1 种黏菌和 1 种菟丝子，涵盖 6 纲 20 目 43 科 60 属。其中，列入"全国林业危险性有害生物名单"的有害植物 1 种，即中国菟丝子；危害木材的有害生物 1 种，即木腐菌；中国外来入侵物种 1 种，即胶孢炭疽病菌 [*Colletotrichum gloeosporioides*（Penz.）Penz. & Sacc.]。同时发现了不少具有重要经济价值的病原真菌，如金黄壳囊孢 [*Cytospora chrysosperma*（Pers.）Fr.]、山田胶锈菌（*Gymnosporangium yamadae* Miyabe ex G. Yamada）等。

2.2 病原菌和菌物多样性统计

在汉石桥湿地采集、鉴定到的 20 个目的真菌和菌物类群（其中 2 个目分类地位未定）中，出现频率最多的是伞菌目，有 14 种，占总物种数的 16%；其次是间座壳目，有 13 种，占总物种数的 14.8%；然后是白粉菌目，含有 12 种，占总物种数的 13.6%；葡萄座腔菌目，含有 11 个种，占总物种数的 11.6%（表 2-1）。从优势目的生态学特性分析可知，优势目是伞菌目和间座壳目，主要是以引起枝枯的病原菌和大型担子菌为主；其次是白粉菌目，主要以引起叶片发生白粉病的病原菌居多。

表 2-1 汉石桥湿地病原和菌物各目物种多样性统计

目名	物种数	占总物种数的比例 /%
伞菌目 Agaricales	14	16
白锈目 Albuginales	1	1.1
木耳目 Auriculariales	2	2.3
葡萄座腔菌目 Botryosphaeriales	6	6.8

目名	物种数	占总物种数的比例 /%
牛肝菌目 Boletales	3	3.4
煤炱目 Capnodiales	2	2.3
间座壳目 Diaporthales	13	14.8
白粉菌目 Erysiphales	12	13.6
柔膜菌目 Helotiales	3	3.4
肉座菌目 Hypocreales	4	4.5
刺革菌目 Hymenochaetales	2	2.3
鬼笔目 Phallales	1	1.1
腔菌目 Pleosporales	4	4.5
柄锈菌目 Pucciniales	7	8.0
多孔菌目 Polyporales	8	9.1
斑痣盘菌目 Rhytismatales	1	1.1
黑星菌目 Venturiales	1	1.1
炭角菌目 Xylariales	2	2.3
Incertae sedis（目分类地位未定）	2	2.3

鉴定汉石桥湿地真菌类群隶属于 6 个纲，其中出现频率最高的是伞菌纲（包括木腐菌），达到了 30 种，占总物种数的 34.1%，其次是粪壳菌纲，达到了 21 种，占总物种数的 23.9%；再次是锤舌菌纲，有 16 种，占总物种数的 18.2%（表 2-2）。根据优势纲的生态学特性分析，伞菌纲是这 6 个纲中的优势纲，主要以大型担子菌为主，其次以引起枝枯的粪壳菌纲和引起叶斑病的锤舌菌纲为主。

表 2-2　汉石桥湿地病原菌和菌物各纲物种多样性统计

纲名	物种数	占总物种的比例 /%
粪壳菌纲 Sordariomycetes	21	23.9
座囊菌纲 Dothideomycetes	13	14.8
锤舌菌纲 Leotiomycetes	16	18.2
柄锈菌纲 Pucciniomycetes	7	8.0
伞菌纲 Agaricomycetes	30	34.1
Incertae sedis（纲分类地位未定）	1	1.1

2.3 病害严重度划分

通过对汉石桥湿地内病害严重度的划分可以看出：寄主为杨树、黄栌、元宝枫的病害发病严重（表2-3）。以杨树尤甚，可被多种病原菌侵染，其中杨树破腹病虽然为生理性病害，但发病仍非常严重。

表 2-3 汉石桥湿地病害严重度划分

寄主	病害名称	严重度
梨树 *Pyrus* sp.	梨树枝枯病	+
柳树 *Salix matsudana*	柳树枝枯病	++
紫叶李 *Prunus cerasifera*	紫叶李枝枯病	+++
杨树 *Populus* sp.	杨树枝枯病	+++
	杨树白粉病	+++
	杨树破腹病（生理性）	+++
	杨树黑星病	++
	杨树黑斑病	++
	杨树叶斑病	++
	杨树溃疡病	+++
	杨树炭疽病	++
蒙桑 *Morus mongolica*	蒙桑枝枯病	+
黄栌 *Cotinus coggygria*	黄栌枝枯病	++
	黄栌枯萎病	+++
	黄栌白粉病	+++
核桃 *Juglans regia*	核桃枝枯病	++
榆叶梅 *Amygdalus triloba*	榆叶梅枝枯病	+
西府海棠 *Malus micromalus*	西府海棠枝枯病	+
	海棠花锈病	+++
	楸子褐斑病	+
国槐 *Sophora japonica*	国槐枝枯病	++
	国槐黑斑病	+
大叶白蜡 *Fraxinus bungeana*	大叶白蜡白粉病	++
	大叶白蜡叶斑病	+
构树 *Broussonetia papyrifera*	构树白粉病	++
蒲公英 *Taraxacum* sp.	蒲公英白粉病	+
玫瑰 *Rosa rugosa*	玫瑰白粉病	+
山楂 *Crataegus pinnatifida*	山楂白粉病	+

寄主	病害名称	严重度
蔷薇 *Rosa* sp.	蔷薇白粉病	++
	蔷薇锈病	+++
银杏 *Ginkgo biloba*	银杏蕉叶病（生理性）	++
桃树 *Prunus* sp.	桃树流胶病（生理性）	++
元宝枫 *Acer oliverianum*	元宝枫褐斑病	+
	元宝枫白粉病	+++
	元宝枫生理性枯死（生理性）	++
大叶黄杨 *Buxus megistophylla*	大叶黄杨叶斑病	+
榆树 *Ulmus pumila*	榆树叶斑病	+
	榆树褐斑病	+
华山松 *Pinus armandii*	松落针病	++
芦苇 *Phragmites australis*	芦苇锈病	+++

注："+"表示一般严重；"++"表示较严重；"+++"表示非常严重

3 真菌类病害

汉石桥湿地内大部分植物病害发生普遍但不严重，调查中共鉴定病害65 种。从优势病害类型来看，主要包括枝枯病、叶部白粉病和锈病等，其中以枝枯病出现频率较高，多发现在乔木和灌木上，主要病原菌为壳囊孢属真菌和葡萄座腔属真菌。例如，杨树溃疡病、海棠溃疡病等常发性枝枯病，发生普遍且发病率较高，虽然未造成树木死亡，但对树势产生了较大影响。造成叶部病害的最主要病原菌是白粉菌，隶属于白粉菌属，其次是锈病，主要病原菌是山田胶锈菌和多胞锈病菌，通常造成较大的景观损失。

植物病害与菌物普查名录

子囊菌门 Ascomycota

粪壳菌纲 Sordariomycetes
  间座壳目 Diaporthales
    间座壳科 Diaporthaceae
        柑橘间座壳菌 *Diaporthe eres*[1]*
        核桃楸间座壳菌 *Diaporthe juglandicola*[2]
    黑盘孢科 Melanconidaceae
        核桃黑盘孢 *Melanconium juglandinum*[3]
    黑腐皮壳科 Valsaceae
        迂回壳囊孢 *Cytospora ambiens*[4]
        碳样壳囊孢 *Cytospora carbonacea*[5]

---

* 此类序号对应正文的植物病害编号

金黄壳囊孢 *Cytospora chrysosperma*[6]

核果壳囊孢 *Cytospora leucostoma*[7]

杨红角壳囊孢 *Cytospora nivea*[8]

稠李壳囊孢 *Cytospora populina*[9]

粉被壳囊孢 *Cytospora pruinosa*[10]

小苹果壳囊孢 *Cytospora schulzeri*[11]

槐生壳囊孢 *Cytospora sophorae*[12][13]

悬钩子壳囊孢 *Cytospora ribis*[14]

肉座菌目 Hypocreales

丛赤壳科 Nectriaceae

亚纹孢丛赤壳菌 *Nectria balansae*[15]

暗色孢丛赤壳菌 *Nectria dematiosa*[16][17]

丛赤壳菌 *Nectria* sp.[18]

镰刀菌 *Fusarium* sp.[19]

Incertae sedis（目分类地位未定）

小丛壳科 Glomerellaceae

胶孢炭疽病菌 *Colletotrichum gloeosporioides*[20]

Incertae sedis（目分类地位未定）

不整小球囊菌科 Plectosphaerellaceae

大丽轮枝菌 *Verticillium dahliae*[21]

炭角菌目 Xylariales

梨孢假壳科 Apiosporaceae

节菱孢 *Arthrinium* sp.[22]

Incertae sedis（科分类地位未定）

中华座壳霉 *Nothopatella chinensis*[23]

座囊菌纲 Dothideomycetes

葡萄座腔菌目 Botryosphaeriales

大单孢科 Aplosporellaceae

贾氏大单孢 *Aplosporella javeedii* [24][25]

葡萄座腔菌科 Botryosphaeriaceae

葡萄座腔菌 *Botryosphaeria dothidea*[26][27][28][29][30]

色二孢 *Diplodia* sp.[31]

槐生大茎点菌 *Macrophoma sophoricola*[32]

叶点霉科 Phyllostictaceae

海桐叶点霉菌 *Phyllosticta pittospori*[33]

叶点霉菌 *Phyllosticta translucens*[34]

黑星菌目 Venturiales

　　黑星菌科 Venturiaceae

　　　　杨树黑星病菌 *Venturia tremulae*[35]

煤炱目 Capnodiales

　　球腔菌科 Mycosphaerellaceae

　　　　元宝枫褐斑病菌 *Mycosphaerella sentina*[36]

　　　　亚球壳菌 *Sphaerulina populicola*[37]

腔菌目 Pleosporales

　　腔菌科 Pleosporaceae

　　　　细级链格孢 *Alternaria alternata*[38]

　　　　芸薹链格孢 *Alternaria brassicae*[39]

　　亚隔孢壳科 Didymellaceae

　　　　亚隔孢 *Didymella pomorum*[40]

　　煤炱科 Capnodiaceae

　　　　桑煤污病菌 *Capnodium salicinum*[41]

锤舌菌纲 Leotiomycetes

　　白粉菌目 Erysiphales

　　　　白粉菌科 Erysiphaceae

　　　　　　钩状白粉菌 *Erysiphe adunca* var. *adunca*[42]

　　　　　　粗壮白粉菌 *Erysiphe salmoni*[43]

　　　　　　元宝枫白粉菌 *Erysiphe* sp.[44]

　　　　　　漆树白粉菌 *Erysiphe verniciferae*[45]

　　　　　　球针壳 *Phyllactinia fraxini*[46]

　　　　　　蔓枝构球针壳 *Phyllactinia broussonetiae-kaempferi*[47]

　　　　　　棕丝单囊壳 *Sphaerotheca fusca*[48]

　　　　　　毡毛单囊壳 *Sphaerotheca pannsa*[49]

　　　　　　蔷薇科叉丝单囊壳 *Podosphaera clandestine*[50]

　　　　　　菊科高氏白粉菌 *Golovinomyces cichoracearum*[51]

　　　　　　南芥高氏白粉菌 *Golovinomyces arabidis*[52]

　　　　　　蒿高氏白粉菌 *Golovinomyces artemisiae*[53]

　　柔膜菌目 Helotiales

　　　　柔膜菌科 Helotiaceae

　　　　　　侧柏绿胶杯菌 *Chloroscypha platycladus*[54]

皮生科 Dermateaceae

    杨树黑斑病菌 *Drepanopeziza tremulae*[55]

    盘二孢菌 *Marssonia* sp.[56]

斑痣盘菌目 Rhytismatales

    斑痣盘菌科 Rhytismataceae

        松落针病菌 *Lophodermium* sp.[57]

担子菌门 Basidiomycota

柄锈菌纲 Pucciniomycetes

柄锈菌目 Pucciniales

    柄锈菌科 Pucciniaceae

        山田胶锈菌 *Gymnosporangium yamadae*[58]

        亚洲胶锈菌 *Gymnosporangium asiaticum*[59]

        芦苇柄锈菌 *Puccinia phragmitis*[60]

        低滩苦荬柄锈菌 *Puccinia lactucae-debilis*[61]

    多胞锈菌科 Phragmidiaceae

        灰色多胞锈菌 *Phragmidium griseum*[62]

    栅锈菌科 Melampsoraceae

        落叶松杨栅锈菌 *Melampsora larici-populina*[63]

    Incertae sedis（科分类地位未定）

        桑叶春孢锈菌 *Aecidium mori*[64]

卵菌门 Oomycota

Incertae sedis（纲地位未定）

白锈目 Albuginales

    白锈科 Albuginaceae

        牵牛花白锈菌 *Albugo ipomoeae-panduranae*[65]

子囊菌门

Ascomycota

间座壳科　Diaporthaceae

1. 核桃枝枯病1

【病　　原】柑橘间座壳菌 *Diaporthe eres* Nitschke

【寄　　主】核桃 *Juglans regia* L.

【病害症状】病害发生在幼嫩的细枝上，造成树皮颜色发生变化，由枣红色变为金黄色。病害多发生于侧枝分叉处，仔细观察表面会发现有突起不明显的小黑点，其为该病原菌的分生孢子器。该病原菌是核桃的常见致病菌，病害调查过程中发生频率较高。

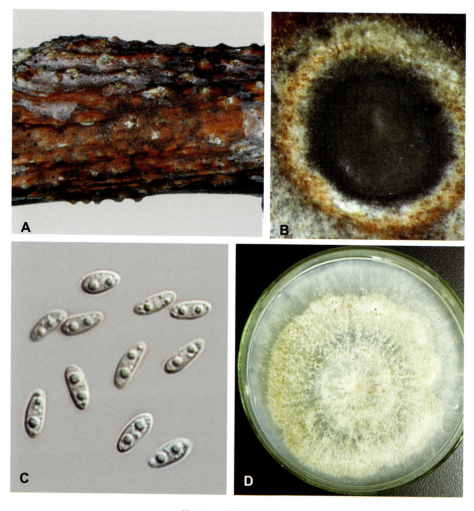

图 3-1　核桃枝枯病 1

A. 核桃枝枯病表观症状；B. 病原菌腔室结构；C. 分生孢子（400×）；D. 培养形态

2. 核桃楸枝枯病

【病　　原】核桃楸间座壳菌 *Diaporthe juglandicola* C.M. Tian & Q. Yang

【寄　　主】核桃楸 *Juglans mandshurica* Maxim.

【病害症状】该病原菌多危害核桃楸的枝干，最先从小枝开始侵染，造成植物韧皮部腐烂，后期失水干枯，发病一段时间后叶片萎蔫、脱落。发病枝干表面形成明显的突起子实体。显微镜下可见具有油滴的椭圆形的分生孢子。

图 3-2　核桃楸枝枯病

A. 核桃楸表观症状；B. 子实体；C. 子实体横切；D. 子实体纵切

黑盘孢科　Melanconidaceae

3. 核桃枝枯病 2

【病　　原】核桃黑盘孢 *Melanconium juglandinum* Kunze
【寄　　主】核桃 *Juglans regia* L.
【病害症状】该病原菌能够对核桃的枝干造成危害。在调查中，多数造成相对幼小的嫩枝或侧枝感病，少数严重的造成粗壮侧枝发病，极少数树木主干发病。受侵害枝条叶片萎蔫、脱落。病部形成明显的黑色、球形突起子实体，平时较硬，雨后遇水变软。

图 3-3　核桃枝枯病 2
A. 核桃枝枯病表观症状；B. 病原菌腔室结构；C. 分生孢子（400×）；D. 培养形态

4. 梨树枝枯病

【病　　原】迂回壳囊孢 *Cytospora ambiens*（Nitschke）Sacc.

【寄　　主】梨树 *Pyrus* sp.

【病害症状】该病原菌多危害梨树的枝条和主干，最先从小枝开始侵染，造成植物韧皮部腐烂，后期失水干枯，发病一段时间后叶片萎蔫、脱落。发病枝干表面颜色变红，病部形成明显的黑色子实体，潮湿条件下子实体中央孔口吐出黄色丝状孢子角。显微镜下可见其腊肠状的分生孢子。

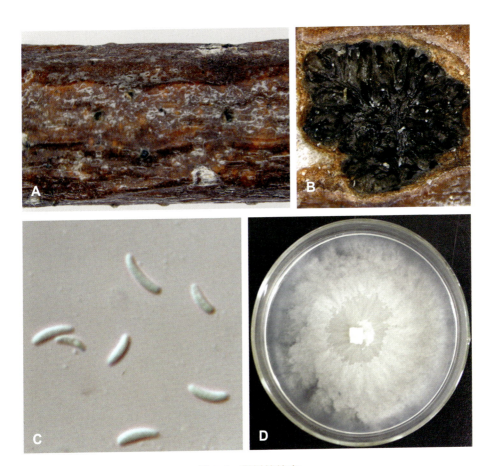

图 3-4　梨树枝枯病

A. 梨树枝枯病表观症状；B. 子实体腔室结构；C. 分生孢子（400×）；D. 培养形态

黑腐皮壳科　Valsaceae

5. 国槐溃疡病 1

【病　　原】碳样壳囊孢 *Cytospora carbonacea* Fr.

【寄　　主】国槐 *Sophora japonica* L.

【病害症状】该病原菌能够对国槐的枝干造成危害。嫩枝或侧枝感病较严重，少数严重的造成粗壮枝干发病，极少数树木主干发病。侵染后期，枝条叶片萎蔫、脱落。病部形成明显的黑色、球形突起子实体，显微镜下可见腊肠状分生孢子。

图 3-5　国槐溃疡病 1

A. 国槐溃疡病表观症状；B. 病原菌子实体

6. 柳树枝枯病

【病　　原】金黄壳囊孢 *Cytospora chrysosperma*（Pers.）Fr.

【寄　　主】柳树 *Salix matsudana* Koidz.

【病害症状】该病原菌多危害树木侧枝和枝干，最先发生在侧枝近干端、向阳面，造成植物木质部质量下降，发病一段时间后叶片萎蔫、脱落。发病枝干表面颜色变黄，病部形成明显密集的黑色突起子实体，突起子实体中央孔口吐出黄色丝状孢子角。此病原菌已在多种寄主上发现。

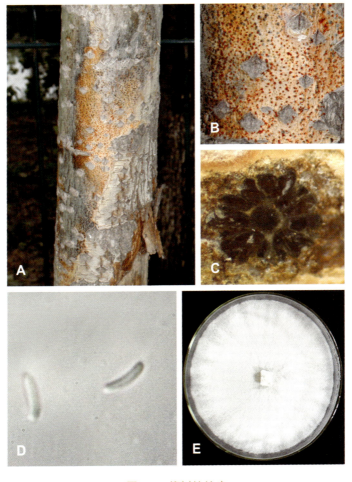

图 3-6　柳树枝枯病

A. 柳树枝枯病表观症状；B. 病原菌子实体；C. 子实体腔室结构；
D. 分生孢子（400×）；E. 培养形态

黑腐皮壳科 **Valsaceae**

7. 紫叶李枝枯病

【病　　原】核果壳囊孢 *Cytospora leucostoma*（Pers.）Sacc.

【寄　　主】紫叶李 *Prunus cerasifera* Ehrhart

【病害症状】该病原菌多危害紫叶李的枝干，最先发生在小枝分叉处，造成植物韧皮部腐烂，后期导致枝干失水干枯、变色，发病一段时间后叶片萎蔫、脱落，病部形成明显的子实体，潮湿条件下子实体中央孔口吐出丝状孢子角。

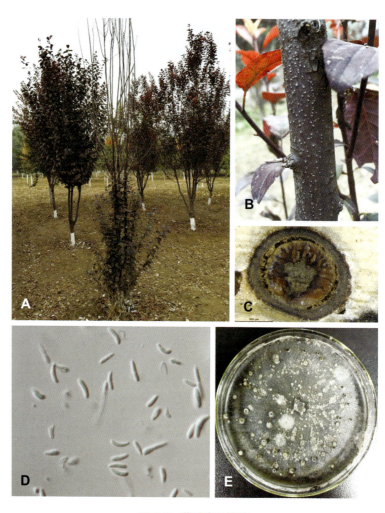

图 3-7　紫叶李枝枯病

A、B.紫叶李枝枯病表观症状；C.子实体腔室结构；D.分生孢子（400×）；E.培养形态

8. 杨树腐烂病

【病　　原】杨红角壳囊孢 *Cytospora nivea* Sacc.

【寄　　主】杨树 *Populus* sp.

【病害症状】该病原菌多危害杨树的枝干，造成植物木质部腐烂，一段时间后导致枝干失水干枯、变色，后期叶片萎蔫、脱落，病部形成明显的突起即子实体，潮湿条件下子实体中央孔口吐出黄色至橘黄色的丝状孢子角。

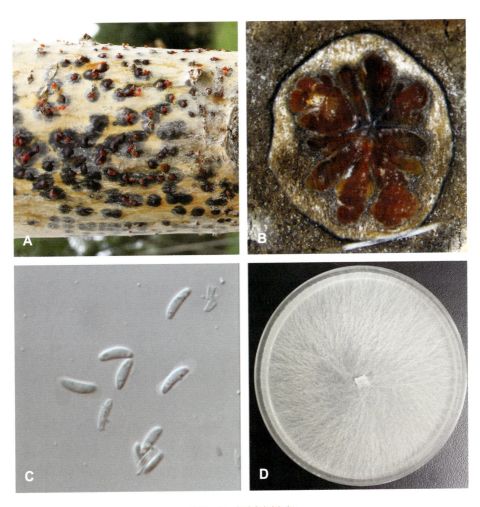

图 3-8　杨树腐烂病

A. 杨树腐烂病表观症状；B. 病原菌腔室结构；C. 分生孢子（400×）；D. 培养形态

黑腐皮壳科 Valsaceae

9. 稠李枝枯病

【病　　原】稠李壳囊孢 *Cytospora populina*（Fuckel）C.M. Tian，X.L. Fan & K.D. Hyde

【寄　　主】稠李 *Padus racemosa*（Linn.）Gilib.

【病害症状】该病原菌多危害稠李的枝条，最先从小枝开始侵染，严重时可危害主干。分生孢子座埋生，发病枝干表面形成明显的突起黑色子实体，显微镜下可见其腊肠状的分生孢子。

图 3-9　稠李枝枯病危害症状

10. 丁香溃疡病

【病　　原】粉被壳囊孢 *Cytospora pruinosa*（Fr.）Sacc.

【寄　　主】丁香 *Syringa tomentella* Bureau & Franch

【病害症状】该病原菌能够对丁香的枝干造成危害。嫩枝或侧枝感病较严重，少数严重的造成粗壮枝干发病，极少数树木主干发病。侵染后期，枝条叶片萎蔫、脱落。病部形成明显的黑色、垫状突起子实体，显微镜下可见腊肠状分生孢子。

图 3-10　丁香溃疡病

A. 丁香溃疡病表观症状；B. 病原菌子实体

黑腐皮壳科 | **Valsaceae**

11. 西府海棠溃疡病

【病　　原】小苹果壳囊孢 *Cytospora schulzeri* Sacc. & P. Syd.

【寄　　主】西府海棠 *Malus micromalus* Makino

【病害症状】该病原菌能够对西府海棠的枝干造成危害。嫩枝或侧枝感病较严重，少数严重的造成粗壮枝干发病，极少数树木主干发病。侵染后期，枝条叶片萎蔫、脱落。病部形成明显的黑色、球形突起子实体，显微镜下可见腊肠状分生孢子。

图 3-11　西府海棠溃疡病

A. 西府海棠溃疡病表观症状；B. 病原菌子实体

12. 国槐溃疡病 2

【病　　原】槐生壳囊孢 *Cytospora sophorae* Bres.

【寄　　主】国槐 *Sophora japonica* L.

【病害症状】该病原菌能够对国槐的枝干造成危害。嫩枝或侧枝感病较严重，少数严重的造成粗壮枝干发病，极少数树木主干发病。侵染后期，枝条叶片萎蔫、脱落。病部形成明显的黑色、球形突起子实体，显微镜下可见腊肠状分生孢子。

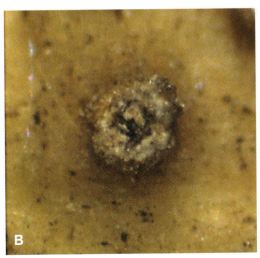

图 3-12　国槐溃疡病 2

A. 国槐溃疡病表观症状；B. 病原菌子实体

黑腐皮壳科　Valsaceae

13. 刺槐枝枯病

【病　　原】槐生壳囊孢 *Cytospora sophorae* Bres.

【寄　　主】刺槐 *Robinia pseudoacacia* L.

【病害症状】该病原菌可侵染刺槐的枝条和主干，严重时可导致幼苗枯死。发病枝干表面形成明显突起的黑色子实体，一般分生孢子座埋生在树皮下，切开表面可见其单孔口多腔室的结构，显微镜下可见其腊肠状的分生孢子。

图 3-13　刺槐枝枯病危害症状

14. 侧柏溃疡病

【病　　原】悬钩子壳囊孢 *Cytospora ribis* Ehrenb.

【寄　　主】侧柏 *Platycladus orientalis*（Linn.）Franco

【病害症状】该病原菌能够对侧柏的枝干造成危害。嫩枝或侧枝感病较严重，少数严重的造成粗壮枝干发病，极少数树木主干发病。侵染后期，枝条叶片萎蔫、脱落。病部形成明显的黑色、垫状扁平子实体，显微镜下可见腊肠状的分生孢子。

图 3-14　侧柏溃疡病

A. 侧柏溃疡病表观症状；B. 病原菌子实体

15. 桑枝枯病 1

【病　　原】亚纹孢丛赤壳菌 *Nectria balansae* Speg.

【寄　　主】桑树 *Morus* sp.

【病害症状】该病原菌多危害桑树枝条，少数危害主干，造成枝条变色，叶片脱落，发病一段时间后出现红色至藏红色子实体突出枝条表皮，密集分布，最后枝条失水干枯死亡。该病原菌目前报道只有有性型，未见无性型。

图 3-15　桑枝枯病 1 危害症状

16.桑枝枯病2

【病　　原】暗色孢丛赤壳菌 *Nectria dematiosa*（Schwein.）Berk.

【寄　　主】桑树 *Morus* sp.

【病害症状】该病原菌多危害桑树枝条，少数危害主干，造成枝条变色，叶片脱落，发病一段时间后出现黄色至橙黄色子实体突出枝条表皮，密集分布，最后枝条失水干枯死亡。

图3-16　桑枝枯病2
A.桑枝枯病表观症状；B、C.病原菌子实体；D.子囊及子囊孢子（400×）；E.培养形态

丛赤壳科 Nectriaceae

17. 榆叶梅枝枯病

【病　　原】暗色孢丛赤壳菌 *Nectria dematiosa*（Schwein.）Berk.

【寄　　主】榆叶梅 *Amygdalus triloba*（Lindl.）Ricker

【病害症状】该病原菌多危害榆叶梅的枝干，造成枝干变色、干枯，发病一段时间后病部形成明显的黄色至橘黄色子实体突出枝条表皮，密集分布，最后枝条失水枯死。

图 3-17　榆叶梅枝枯病

A. 榆叶梅枝枯病表观症状；B. 病原菌子实体；C. 子实体腔室结构；D. 分生孢子（400×）

18. 松红疣枝枯病

【病　　原】丛赤壳菌 *Nectria* sp.

【寄　　主】松树 *Pinus* sp.

【病害症状】该病原菌可侵染松属植物的侧枝，在小枝上形成略大于针眼的红色小点，即病原菌的分生孢子座，病害发展到秋季，一般会导致该病枝上针叶凋落，严重时该侧枝枯萎死亡。

图 3-18　松红疣枝枯病危害症状

粪壳菌纲　肉座菌目　Sordariomycetes　Hypocreales

19. 红瑞木叶斑病

【病　　原】镰刀菌 *Fusarium* sp.

【寄　　主】红瑞木 *Swida alba* Opiz

【病害症状】该病原菌侵染叶片。在叶上形成圆形病斑，后逐渐扩大，病斑中间发白，四周泛红色，后期病斑边缘呈黑褐色，中央灰褐色，上有黑色小点，即子座。

图 3-19　红瑞木叶斑病危害症状

小丛壳科 Glomerellaceae

20. 杨树炭疽病

【病　　原】胶孢炭疽病菌 *Colletotrichum gloeosporioides*（Penz.）Penz. & Sacc.

【寄　　主】杨树 *Populus* sp.

【病害症状】该病原菌侵染叶片后，叶面出现圆形、半圆形或长形病斑，直径为 3~10mm。病斑中央浅褐色，边缘红褐色，后期病斑上着生黑色小粒点，湿度大时分泌出红色黏稠液。病情严重时，多个病斑融合，形成更大斑块，造成叶片黄化干枯，最后死亡。

图 3-20　杨树炭疽病危害症状

不整小球囊菌科 Plectosphaerellaceae

21. 黄栌枯萎病

【病　　原】大丽轮枝菌 *Verticillium dahliae* Kleb.

【寄　　主】黄栌 *Cotinus coggygria* Scop.

【病害症状】感病叶片自叶缘起叶肉变黄，逐渐向内发展至大部或全叶变黄，叶脉仍保持绿色，部分或大部分叶片脱落。剥皮后可见褐色病线*，重病枝条皮下水渍状。

图 3-21　黄栌枯萎病危害症状

---

* 病线即寄主受病原菌侵染后，在侵染部位形成一条明显区分与健康组织的分界线。

梨孢假壳科 Apiosporaceae

22. 芦苇枯萎病

【病　　原】节菱孢 *Arthrinium* sp.

【寄　　主】芦苇 *Phragmites australis*（Cav.）Trin. ex Steud.

【病害症状】该病原菌主要为害芦苇主干。在夏秋两季危害严重，在主干表面形成黑色的孢子堆，严重时可导致芦苇枯萎死亡。

图 3-22　芦苇枯萎病危害症状

科分类地位未定 **Incertae sedis**

23. 国槐腐烂病

【病　　原】中华座壳霉 *Nothopatella chinensis* I. Miyake
【寄　　主】国槐 *Sophora japonica* L.
【病害症状】该病原菌能够对国槐的枝干造成危害。嫩枝或侧枝感病较严重，少数严重的造成粗壮枝干发病，极少数树木主干发病。侵染后期，枝条叶片萎蔫、脱落，病部形成明显的黑色、球形突起子实体。

图 3-23　国槐腐烂病危害症状

大单孢科 Aplosporellaceae

24. 蒙桑枝枯病

【病　　原】贾氏大单孢 *Aplosporella javeedii* Jami，Slippers，M.J. Wingf. & Gryzenh.

【寄　　主】蒙桑 *Morus mongolica*（Bur.）Schneid.

【病害症状】该病原菌主要危害蒙桑的侧枝和枝干，最后造成顶端侧枝落叶、枯萎。枯枝表面感病部位出现明显的密集黑色突起。枯死枝条直径较粗的，枝干表面不变色；直径细的，枝干表面泛黄。枝条感病一段时间后出现少量树皮分离的现象。

图 3-24　蒙桑枝枯病

A.蒙桑枝枯病表观症状；B.子实体腔室结构；C.分生孢子（400×）；D.培养形态

大单孢科　Aplosporellaceae

25. 黄栌枝枯病

【病　　原】贾氏大单孢 *Aplosporella javeedii* Jami，Slippers，M.J. Wingf. & Gryzenh.

【寄　　主】黄栌 *Cotinus coggygria* Scop.

【病害症状】该病原菌主要危害黄栌的侧枝，造成顶端侧枝变黄，一段时间后落叶、枯萎。枯枝表面感病部位出现密集突起的黑色子实体。枝条感病一段时间后会出现少量树皮分离的现象。

图 3-25　黄栌枝枯病

A.黄栌枝枯病表观症状；B.病原菌子实体；C.分生孢子（400×）；D.培养形态

26. 核桃枝枯病 3

【病　　原】葡萄座腔菌 *Botryosphaeria dothidea*（Moug. ex Fr.）Ces. & De Not.

【寄　　主】核桃 *Juglans regia* L.

【病害症状】该病原菌危害植物侧枝，不危害主干，受病部位树皮由红色变为枣红色或暗黄色，枝干表面有明显突起的子实体，最后造成叶片脱落，形成枯枝。该病原菌寄主多样，分布比较广泛。

图 3-26　核桃枝枯病 3

A. 核桃枝枯病表观症状；B. 子实体腔室结构；C. 分生孢子（400×）；D. 培养形态

葡萄座腔菌科 **Botryosphaeriaceae**

27. 火炬树枝枯病

【病　　原】葡萄座腔菌 *Botryosphaeria dothidea*（Moug. ex Fr.）Ces. & De Not.

【寄　　主】火炬树 *Rhus typhina* L.

【病害症状】该病原菌危害植物侧枝，极少危害主干，受病部位树皮由红色变为暗黑色，枝干表面有明显突起的子实体，最后叶片脱落，形成枯枝。该病原菌寄主多样，分布比较广泛。

图 3-27　火炬树枝枯病危害症状

28. 西府海棠枝枯病

【病　　原】葡萄座腔菌 *Botryosphaeria dothidea*（Moug. ex Fr.）Ces. & De Not.

【寄　　主】西府海棠 *Malus micromalus* Makino

【病害症状】该病原菌能够对西府海棠的小枝造成危害。在调查中，多数相对幼小的嫩枝或侧枝感病，少数粗壮侧枝发病，极少数树木主干发病。受侵害枝条和叶片萎蔫、脱落。病部形成黑色、球形不明显子实体。

图 3-28　西府海棠枝枯病危害症状

葡萄座腔菌科　Botryosphaeriaceae

29. 杨树溃疡病

【病　　原】葡萄座腔菌 *Botryosphaeria dothidea*（Moug. ex Fr.）Ces. & De Not.

【寄　　主】杨树 *Populus* sp.

【病害症状】该病原菌危害主干。早春及晚秋，树皮上出现近圆形水渍状和水泡状病斑，病斑直径约 1cm，严重时流出褐水，以后病斑下陷。病斑内部坏死范围扩大，当病斑在皮下连接包围树干时，上部即枯死。来年在枯死的树皮上出现轮生或散生小黑点（分生孢子座）。

图 3-29　杨树溃疡病危害症状

30. 刺柏枝枯病

【病　　原】葡萄座腔菌 *Botryosphaeria dothidea*（Moug. ex Fr.）Ces. & De Not.

【寄　　主】刺柏 *Juniperus formosana* Hayata

【病害症状】该病原菌可侵染刺柏的小枝，导致小枝上针叶早凋，严重时小枝整枝枯死。发病枝干表面形成明显的突起黑色子实体，一般分生孢子座埋生在树皮下，切开表面可见其腔室结构，显微镜下可见其椭圆形的分生孢子。

图 3-30　刺柏枝枯病危害症状

葡萄座腔菌科 Botryosphaeriaceae

31. 杨树小枝腐烂病

【病　　原】色二孢 *Diplodia* sp.

【寄　　主】杨树 *Populus* sp.

【病害症状】该病原菌多危害杨树的小枝，造成杨树小枝衰弱，易风折，一段时间后在脱叶处长出分生孢子座（黑点），内含黑色的分生孢子。

图 3-31　杨树小枝腐烂病危害症状

葡萄座腔菌科　Botryosphaeriaceae

32. 国槐黑斑病

【病　　原】槐生大茎点菌 *Macrophoma sophoricola* Teng

【寄　　主】国槐 *Sophora japonica* L.

【病害症状】该病原菌主要危害国槐的叶片，由下向上蔓延。初期病斑为圆形或椭圆形病斑，内部青灰褐色，边缘黑褐色；后期病斑完全变成黑褐色。严重时植株下部叶片枯黄，早期落叶，致个别枝条枯死。

图 3-32　国槐黑斑病危害症状

叶点霉科 Phyllostictaceae

33. 大叶黄杨叶斑病

【病　　原】海桐叶点霉菌 *Phyllosticta pittospori* Brunaud

【寄　　主】大叶黄杨 *Buxus megistophylla* Lévl.

【病害症状】该病原菌主要危害大叶黄杨的叶片。初期病斑为圆形或椭圆形，中间呈灰白色，边缘呈浅褐色；后期病斑边缘变成黑褐色，界线分明，严重时病斑可连成一片使叶片枯黄脱落。

图 3-33　大叶黄杨叶斑病危害症状

叶点霉科 Phyllostictaceae

34. 榆树叶斑病

【病　　原】叶点霉菌 *Phyllosticta translucens* Bubák & Kabát

【寄　　主】榆树 *Ulmus pumila* L.

【病害症状】该病原菌侵染叶片、叶柄和茎部。叶上病斑圆形，后扩大呈不规则状大病斑，并产生轮纹，病斑中间呈水渍状，后期病斑边缘呈黑褐色，中央灰褐色。茎和叶柄上病斑褐色、长条形。

图 3-34　榆树叶斑病危害症状

黑星菌科 Venturiaceae

35. 杨树黑星病

【病　　原】杨树黑星病菌 *Venturia tremulae* Aderh.

【寄　　主】杨树 *Populus* sp.

【病害症状】该病原菌主要危害叶片，也危害新梢。病初在叶背面散生圆形黑色霉斑，直径为 0.3mm，随后在病斑上布满黑色霉层，其为病菌的分生孢子梗及分生孢子。叶正面在病斑相应处产生黑色或灰色枯死斑，严重时病斑相连，呈不规则形大斑。病斑受雨水冲刷有灰白色斑痕。7~8 月为发病盛期。

图 3-35　杨树黑星病危害症状

36. 元宝枫褐斑病

【病　　原】元宝枫褐斑病菌 *Mycosphaerella sentina*（Fr.）J. Schröt.

【寄　　主】元宝枫 *Acer oliverianum* Pax

【病害症状】该病原菌主要是先危害下部叶片，后逐渐向上部蔓延。初期病斑为圆形或椭圆形，紫褐色，病斑内部青灰色水浸状，边缘红褐色。后期病斑变成黑褐色，直径为 5~10mm，界线分明，严重时病斑可连成片，使叶片枯黄脱落，影响开花。

图 3-36　元宝枫褐斑病危害症状

座囊菌纲 Dothideomycetes／煤炱目 Capnodiales

球腔菌科 Mycosphaerellaceae

37. 杨树叶斑病

【病　　原】亚球壳菌 *Sphaerulina populicola*（Peck）Quaedvlieg, Verkley & Crous

【寄　　主】杨树 *Populus* sp.

【病害症状】该病原菌主要危害杨树的叶片。初期病斑为圆形或椭圆形，直径为 3~8mm，病斑中央浅褐色，边缘黑褐色；后期病斑上着生黑色小粒点。湿度大时发病较严重。病情严重时，多个病斑融合，形成更大斑块，造成叶片黄化干枯，最后死亡。

图 3-37　杨树叶斑病初期症状

38. 大叶白蜡叶斑病 1

【病　　原】细级链格孢 *Alternaria alternata* Keissl.

【寄　　主】大叶白蜡 *Fraxinus bungeana* DC.

【病害症状】该病原菌主要是先危害下部叶片，后逐渐向上部蔓延。初期病斑为圆形或椭圆形，浅褐色；后期病斑边缘变成黑褐色，病斑中间呈水渍状，界线分明，严重时使叶片枯黄脱落。

图 3-38　大叶白蜡叶斑病 1 危害症状

腔菌科 | Pleosporaceae

39. 大叶白蜡叶斑病 2

【病　　原】芸薹链格孢 *Alternaria brassicae*（Berk.）Sacc.

【寄　　主】大叶白蜡 *Fraxinus bungeana* DC.

【病害症状】染病初在叶片上产生褐色水渍状坏死斑，后渐成近圆形病斑，边缘紫褐色，中央黄褐色，几天后逐渐扩展成略带轮纹的较大坏死斑，边缘不大明显，四周常出现黄绿色晕圈。病情严重时，多个病斑融合，形成更大斑块，造成叶片黄化干枯。

图 3-39　大叶白蜡叶斑病 2 危害症状

亚隔孢壳科 Didymellaceae

40. 榆树褐斑病

【病　　原】亚隔孢 *Didymella pomorum*（Thüm.）Qian Chen & L. Cai

【寄　　主】榆树 *Ulmus pumila* L.

【病害症状】该病原菌先侵染下部叶片，后逐渐向上部蔓延。初期病斑为圆形、椭圆形或不规则病斑，紫褐色；后期为黑色，直径为 5~10mm，严重时病斑可连成片，使叶片枯黄脱落。以高温高湿、多雨炎热的夏季为害最重。

图 3-40　榆树褐斑病危害症状

煤炱科　Capnodiaceae

41. 蒙桑煤污病

【病　　原】桑煤污病菌 *Capnodium salicinum* Mont.

【寄　　主】蒙桑 *Morus mongolica*（Bur.）Schneid.

【病害症状】该病原菌主要侵染叶片，有时也可侵染枝梢，在叶面、枝梢上形成黑色小霉斑，后扩大连片，使整个叶面、嫩梢上布满黑霉层。由于煤污病菌种类很多，同一植物可染上多种病菌，其症状也略有差异。呈黑色霉层或黑色煤粉层是该病的重要特征。

图 3-41　蒙桑煤污病危害症状

白粉菌科 Erysiphaceae

42. 杨树白粉病

【病　　原】钩状白粉菌 *Erysiphe adunca* var. *adunca*（Wallr.）Fr.

【寄　　主】杨树 *Populus* sp.

【病害症状】菌丝体在叶表面存留形成明显的薄或厚的白色斑片，或者展生，上面有聚生、近聚生至散生的黑色小点，即病菌闭囊壳。闭囊壳暗褐色、扁球形，壁细胞呈不规则多角形。采集时间为 10 月上旬。

图 3-42　杨树白粉病危害症状

白粉菌科 Erysiphaceae

43. 大叶白蜡白粉病

【病　　原】粗壮白粉菌 *Erysiphe salmoni*（Syd. & Syd.）Braun & Takam.

【寄　　主】大叶白蜡 *Fraxinus bungeana* DC.

【病害症状】菌丝体在叶两面存留，形成白色薄的斑片，上面聚生至散生暗褐色的小颗粒，即病菌闭囊壳。闭囊壳暗褐色，扁球形。该菌广泛分布在汉石桥湿地公园，采集时间为6月中旬至9月中下旬。

图 3-43　大叶白蜡白粉病危害症状

白粉菌科　Erysiphaceae

44. 元宝枫白粉病

【病　　原】元宝枫白粉菌 *Erysiphe* sp.
【寄　　主】元宝枫 *Acer oliverianum* Pax
【病害症状】菌丝体存留在叶表面，形成白色薄的斑片，上面聚生至散生暗褐色的小颗粒，即病菌闭囊壳。闭囊壳暗褐色，扁球形。该菌广泛分布在汉石桥湿地公园，采集时间为 7 月中旬至 8 月中下旬。

图 3-44　元宝枫白粉病危害症状

白粉菌科　Erysiphaceae

45. 黄栌白粉病

【病　　原】漆树白粉菌 *Erysiphe verniciferae*（Henn.）U. Braun & S. Takam.

【寄　　主】黄栌 *Cotinus coggygria* Scop.

【病害症状】初期叶片出现针头状白色粉点，后逐渐扩大形成污白色圆形斑，病斑周围呈放射状，至后期病斑连成片，严重时整片叶布满厚厚一层白粉，全树大多数叶片被白粉覆盖。菌丝体叶面生，形成白色很厚的斑片。

图 3-45　黄栌白粉病

A、B. 黄栌白粉病表观症状

白粉菌科 Erysiphaceae

46. 白蜡白粉病

【病　　原】球针壳 *Phyllactinia fraxini*（DC.）Fuss

【寄　　主】白蜡 *Fraxinus* sp.

【病害症状】菌丝体在叶两面存留，形成白色薄的斑片，叶背面聚生或散生暗褐色的小颗粒，即病菌闭囊壳。闭囊壳暗褐色，扁球形，壁细胞多角形，附属丝直或弯，有时波状或屈膝状，少数有结节，一般向上渐粗，无隔膜或在基部有 1 个隔膜，上部无色，基部细胞褐色。

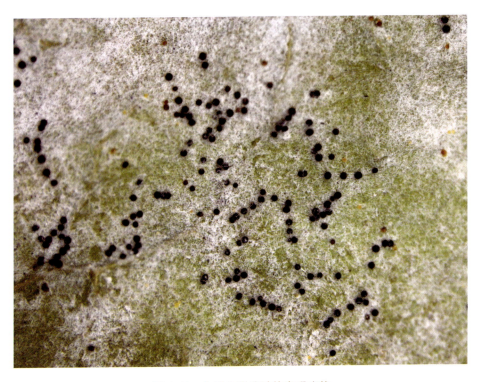

图 3-46　白蜡白粉病叶片表观症状

白粉菌科 Erysiphaceae

47. 构树白粉病

【病　　原】蔓枝构球针壳 *Phyllactinia broussonetiae-kaempferi* Sawada

【寄　　主】构树 *Broussonetia papyrifera*（Linn.）L'Hér. ex Vent.

【病害症状】菌丝体生于叶背面，易消失。闭囊果散生或聚生，暗褐色扁球形；壁细胞不清楚，不规则多角形。

图 3-47　构树白粉病危害症状

白粉菌科 Erysiphaceae

48. 蒲公英白粉病

【病　　原】棕丝单囊壳 *Sphaerotheca fusca*（Fr.）S. Blumer

【寄　　主】蒲公英 *Taraxacum* sp.

【病害症状】发病初期在叶面生稀疏的白粉状霉斑，一般不明显，后期霉斑逐渐扩展，霉层增大，在叶片正面生满小的黑色粒状物，即病原菌的闭囊壳。

图 3-48　蒲公英白粉病危害症状

白粉菌科　Erysiphaceae

49. 玫瑰白粉病

【病　　原】毡毛单囊壳 *Sphaerotheca pannsa*（Wallr.）Lév.

【寄　　主】玫瑰 *Rosa rugosa* Thunb.

【病害症状】嫩叶染病初叶上生褪绿黄斑，后逐渐扩大，边缘不明显。嫩叶正反面产生白色粉斑，扩展后覆盖满整个叶片，后变成淡灰色，有时叶色变为紫红色。新叶皱缩畸形，以后叶片皱缩、扭曲。成叶染病初在叶上生不规则粉状霉斑，后病叶从叶尖或叶缘开始逐渐变褐，之后全叶干枯脱落。叶柄、新梢染病时节间短缩、茎变细，有些病梢出现回枯，病部表面也覆盖满白粉。

图 3-49　玫瑰白粉病危害症状

白粉菌科　Erysiphaceae

50. 山楂白粉病

【病　　原】蔷薇科叉丝单囊壳 *Podosphaera clandestine*（Wallr.）Lév.

【寄　　主】山楂 *Crataegus pinnatifida* Bunge.

【病害症状】叶片染病初期，菌丝体在叶两面形成白色粉状斑，严重时白粉覆盖整个叶片，表面长出黑色小粒点，即病菌闭囊壳。闭囊壳暗褐色，球形，顶端具刚直的附属丝，基部暗褐色，上部颜色较淡，具分隔，附属丝 6~16 根。闭囊壳内具 1 个子囊，短椭圆形或拟球形，无色；子囊孢子 8 个，椭圆形或肾脏形。采集时间为 9 月上旬。

图 3-50　山楂白粉病
A. 山楂白粉病表观症状；B. 闭囊壳

白粉菌科 **Erysiphaceae**

51. 三脉紫菀白粉病

【病　　原】菊科高氏白粉菌 *Golovinomyces cichoracearum*（DC.）Heluta

【寄　　主】三脉紫菀 *Aster ageratoides* Turcz.

【病害症状】发病前期菌丝体在叶面展生，形成薄而边缘不明显的无定形白色斑片，后期斑片上聚生至近散生大量黑褐色颗粒物，即病菌闭囊壳，且叶片颜色变深、皱缩卷曲。闭囊壳暗褐色，扁球形，壁细胞不规则多角形；附属丝（11~）18~40（~85）根，一般不分枝，少数不规则地分枝 1 次，至多 2 次，大多弯曲，常作曲折状或扭曲状，往往互相缠结在一起，长度为子囊果直径的 0.5~2.5（~4.5）倍，大多粗细不匀，少数上下近等粗或向上稍渐细，壁薄，平滑或稍粗糙，有 1~8（~12）个隔膜，在隔膜处不缢缩或稍缢缩，一般深褐色，少数淡褐色；子囊（5~）10~20（~24）个，卵形、矩圆形至椭圆形、不规则形，一般有明显的柄，少数近无柄；子囊孢子 2（~3）个，极少数情况下有 4 个，卵形、矩圆形至卵形，淡黄色。

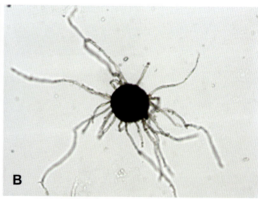

图 3-51　三脉紫菀白粉病

A. 三脉紫菀白粉病表观症状；B. 闭囊壳（100×）

白粉菌科 Erysiphaceae

52. 垂果南芥白粉病

【病　　原】南芥高氏白粉菌 *Golovinomyces arabidis*（Zheng & Chen）Heluta
【寄　　主】垂果南芥 *Arabis pendula* L.
【病害症状】发病后期叶片颜色变深，黑褐色闭囊壳与周围的白色菌丝体通常联结在一起，在叶面形成明显的斑片。闭囊壳聚生至散生，暗褐色，扁球形，壁细胞不规则多角形；附属丝 9~36（~55）根，大多不分枝，较少不规则地分枝 1（~2）次，常弯曲、扭曲状或曲折状，在同一个子囊果上长短不齐，长度为子囊果直径的（0.5~）1~2 倍，粗细不均，壁薄，平滑或稍粗糙，有 1~7 个隔膜，褐色，较少淡褐色，顶端近无色；子囊（7~）9~16（~24）个，近卵形、矩圆形至卵形、矩圆形至椭圆形，有明显的柄到无柄；子囊孢子绝大多数 2 个，很少 3 个，卵形，黄色。

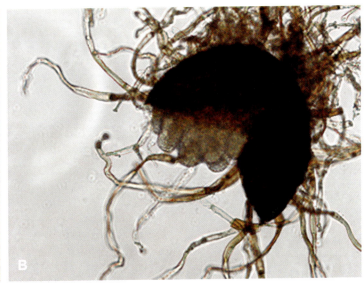

图 3-52　垂果南芥白粉病
A. 垂果南芥白粉病表观症状；B. 闭囊壳（400×）

白粉菌科 **Erysiphaceae**

53. 蒿叶白粉病

【病　　原】蒿高氏白粉菌 *Golovinomyces artemisiae*（Grev.）Heluta
【寄　　主】蒿 *Artemisia* sp.
【病害症状】病原菌的菌丝体在叶的两面存留，形成薄的白色无定形斑片，在斑片上散生黑褐色颗粒物，即病菌闭囊壳。闭囊壳暗褐色，扁球形；附属丝15~48 根，一般不分枝，少数不规则叉状分枝 1 次，大多弯曲，少数近直，个别曲折状至波状，长度为子囊果直径的 0.5~1（~2）倍，较细，上下等粗或向上稍渐细，有 1~7 个隔膜，在隔膜处一般不缢缩，近无色，少数黄色至淡褐色；子囊（5~）7~15（~24）个，卵形、矩圆形至椭圆形、不规则形，一般有明显的柄至短柄，少数近无柄；子囊孢子 2 个，卵形、矩圆形至卵形，淡色。

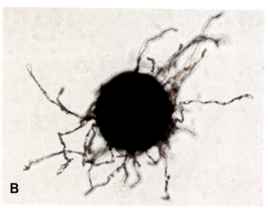

图 3-53　蒿叶白粉病
A. 蒿叶白粉病表观症状；B. 闭囊壳（200×）

54. 柏树叶枯病

【病　　原】侧柏绿胶杯菌 *Chloroscypha platycladus* Y.S. Dai

【寄　　主】侧柏 *Platycladus* sp.

【病害症状】柏树叶枯病多发生在春季。病菌侵染当年生新叶，幼嫩细枝亦往往与鳞叶同时出现症状，最后连同鳞叶一起枯死脱落。病菌侵染后，当年不出现症状，经秋冬之后，于翌年3月叶迅速枯萎，潜伏。6月中旬前后，在枯死鳞叶和细枝上产生黑色颗粒物，遇潮湿天气吸水膨胀呈橄榄色杯状物，即为病菌的子囊盘。受害鳞叶多由先端逐渐向下枯黄，或是从鳞叶中部、茎部首先失绿，然后向全叶发展，由黄变褐枯死。在细枝上则成段斑状变褐，最后枯死。

图 3-54　柏树叶枯病危害症状

皮生科 Dermateaceae

55. 杨树黑斑病

【病　　原】杨树黑斑病菌 *Drepanopeziza tremulae* Rimpau

【寄　　主】杨树 *Populus* sp.

【病害症状】该病一般发生在叶片及嫩梢上，以危害叶片为主，发病初期首先在叶背面出现针状凹陷发亮的小点，后病斑扩大到 1mm 左右，黑色，略隆起，叶正面也随之出现褐色斑点，5~6 天后病斑（叶正反面）中央出现乳白色突起的小点，即病原菌的分生孢子堆，以后病斑扩大连成大斑，多呈圆形，发病严重时，整个叶片变成黑色，病叶可提早脱落 2 个月。7 月初至 8 月上旬高温多雨、地势低洼、种植密度过大，发病最为严重，9 月末停止发病，10 月以后再度发病，直至落叶。

图 3-55　杨树黑斑病危害症状

皮生科 　Dermateaceae

56. 楸子海棠褐斑病

【病　　原】盘二孢菌 *Marssonia* sp.

【寄　　主】楸子 *Malus prunifolia*（Willd.）Borkh.

【病害症状】该病原菌主要危害叶片，先由下部叶片开始发病，逐渐向上部蔓延。初期产生圆形或椭圆形褐色病斑，后期严重时连成一片，出现梭形或不规则黑色病斑，并且会在病部产生子实体，最后使叶片枯黄脱落。

图 3-56　楸子褐斑病

A、B. 楸子褐斑病表观症状

斑痣盘菌科　Rhytismataceae

57. 松落针病

【病　　原】松落针病菌 *Lophodermium* sp.

【寄　　主】华山松 *Pinus armandii* Franch.

【病害症状】主要为害针叶，病害常造成针叶枯黄早落。发病初期在针叶上出现小的黄斑，晚秋变黄脱落。病菌通常侵染二年生针叶，有时也侵染一年生针叶，幼林的发病率较高。

图 3-57　松落针病表观症状

担子菌门
Basidiomycota

柄锈菌科 Pucciniaceae

58. 海棠花锈病

【病　　原】山田胶锈菌 *Gymnosporangium yamadae* Miyabe ex G. Yamada

【寄　　主】海棠花 *Malus spectabilis*（Ait.）Borkh.

【病害症状】叶片正面出现橙黄色有光泽的圆形小病斑，病斑上有针头大的黄褐色点粒，即病原菌的性孢子器；病部组织增厚，叶背面有黄白色毛状锈孢子器，锈孢子器长角形，包被撕裂成网状，包被细胞不规则线状菱形或长披针形，内壁和侧壁生有形状、长短、大小不规则的刺状突起和疣状突起；锈孢子球形或角球形，单胞，表面密生细疣，散生。该病原菌是一种转主寄生菌，只在海棠上发现，其转主为圆柏。

图 3-58　海棠花锈病

A. 海棠花锈病危害症状；B. 叶背毛状锈孢子器；C. 锈孢子堆（500×）；
D. 锈孢子（4500×）；E. 锈孢子器包被内壁（1000×）

59. 梨锈病

【病　　原】亚洲胶锈菌 *Gymnosporangium asiaticum* Miyabe ex G. Yamada

【寄　　主】梨树 *Pyrus* sp.

【病害症状】叶片正面出现橙黄色有光泽的圆形小病斑，病斑上有针头大的黄褐色点粒，即病原菌的性孢子器；病部组织增厚，叶背面有黄白色毛状锈孢子器，锈孢子器长角形；锈孢子球形或角球形，单胞，表面密生细疣，散生。该病原菌是一种转主寄生菌，只在梨上发现，其转主为圆柏。

图 3-59　梨锈病危害症状

柄锈菌科　Pucciniaceae

60. 芦苇锈病

【病　　原】芦苇柄锈菌 *Puccinia phragmitis*（Schumach.）Tul.

【寄　　主】芦苇 *Phragmites australis*（Cav.）Trin. ex Steud.

【病害症状】病原菌主要为害芦苇叶片。夏孢子堆生在叶片的两面，后期生出冬孢子堆，长圆形，散生，黑褐色。严重时叶片褪绿，黄枯。主要发生在夏秋两季。

图 3-60　芦苇锈病危害症状

61. 苦荬菜锈病

【病　　原】低滩苦荬柄锈菌 *Puccinia lactucae-debilis* Dietel

【寄　　主】苦荬菜 *Sonchus oleraceus* L.

【病害症状】发病叶正面形成紫色圆形斑，叶背面散生粉状夏孢子堆，夏孢子堆圆形，黄褐色或肉桂褐色，夏孢子球形、近球形或椭圆形，黄褐色或肉桂褐色，有刺，芽孔 3~5 个，散生。后期能看到深栗褐色且突破寄主表皮透明膜的颗粒状冬孢子堆，冬孢子堆散生，圆形或近圆形，粉状，栗褐色，冬孢子宽椭圆形或倒卵形，两端圆，隔膜处不缢缩或稍缢缩，顶部不增厚，肉桂褐色，有细疣，上细胞芽孔顶生或略下，下细胞芽孔在中部或近中部，柄无色，短，易脱落。

图 3-61　苦荬菜锈病

A. 苦荬菜锈病表观症状；B. 夏孢子（400×）

多胞锈菌科　**Phragmidiaceae**

62.蔷薇锈病

【病　　原】灰色多胞锈菌 *Phragmidium griseum* Dietel

【寄　　主】蔷薇 *Rosa* sp.

【病害症状】发病初期叶正面形成黄色至褐色的小斑点，叶背斑点处有橙黄色的粉状夏孢子堆，夏孢子堆散生或不规则聚生，圆形，裸露，稍粉状，新鲜时黄色；侧丝圆柱形或棍棒形，直立或稍弯曲，无色；夏孢子近球形、椭圆形、倒卵形或梨形，无色，表面有刺，顶部较粗，向下渐细。发病后期在橙黄色粉状物堆下面生出炭黑色发亮的圆块状冬孢子堆，冬孢子堆散生或不规则聚生，圆形，常互相连和，裸露，略隆起，稍坚实。采集时间为8月中旬及9月下旬。

图 3-62　蔷薇锈病

A、B.病害表观症状

63. 杨树锈病

【病　　原】落叶松杨栅锈菌 *Melampsora larici-populina* Kleb.

【寄　　主】杨树 *Populus* sp.

【病害症状】该病原菌导致发病叶正面形成密密麻麻的黄色至褐色的小斑点，叶片局部组织变褐色枯死，且叶片皱缩，叶背面覆盖黄褐色的粉状夏孢子堆，夏孢子卵形或长圆形，壁无色，有细刺；侧丝头状，平滑，有柄。

图 3-63　杨树锈病

A. 杨树锈病危害症状；B. 叶背黄褐色粉状物（夏孢子堆）；C. 夏孢子堆；D. 侧丝；E. 夏孢子（400×）；F. 头状侧丝（100×）；G. 头状侧丝（1000×）；H. 夏孢子堆（500×）；I. 夏孢子（5000×）

科分类地位未定　**Incertae sedis**

64. 桑叶锈病

【病　　原】桑叶春孢锈菌 *Aecidium mori* Barclay

【寄　　主】桑树 *Morus* sp.

【病害症状】病原菌锈孢子器生于寄主表皮下，且生于叶的两面，橙黄色，后期深褐色，杯形。叶片发病处颜色变浅绿，形成一个个小的突起斑点，在桑叶的两面均都可以看到橙黄色杯状锈孢子器，锈孢子器有包被，包被由 1 层细胞组成，在顶层开裂；锈孢子球形或椭圆形，有细瘤。

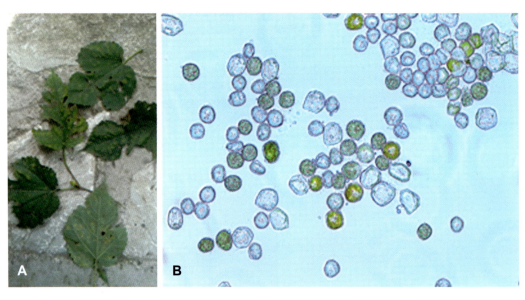

图 3-64　桑叶锈病

A.表观症状；B.夏孢子（200×）

卵菌门

Oomycota

65. 牵牛花白锈病

【病　　原】牵牛花白锈菌 *Albugo ipomoeae-panduranae*（Schw.）Swingle

【寄　　主】牵牛花 *Pharbitis nil*（Linn.）Choisy

【病害症状】该病原菌主要危害叶片、叶柄、嫩茎和花。发病初期，叶片出现淡绿色小斑，逐渐变为淡黄色，无明显边缘。后期，病部背面出现隆起的白色疱状物，破裂时，散出白色粉状物，为病菌的孢囊孢子。发病严重时，病斑连成片，使叶片变褐枯死。如病菌侵染到花茎上，可使花茎扭曲。当病斑围绕嫩茎 1 周时，则上部组织生长不良，萎蔫死亡。

图 3-65　牵牛花白锈病危害症状

4 大型真菌

　　调查中共鉴定出大型真菌 30 种（包括木腐菌），其中木腐菌多属于伞菌纲中的多孔菌目和伞菌目。从调查结果来看，汉石桥湿地中大型真菌对园区中的林木并未造成较大的危害。从优势目和优势纲的分析来看，虽然大型担子菌比较多，但是相对于枝干和叶部病害来说，大部分大型担子菌能够与寄主植物共生形成菌根，有利于林木的健康成长；但有些大型真菌也是林木病原菌，造成林木褐腐、白腐，如木腐菌，其是一种危害木材的有害生物。

植物病害与菌物普查名录

担子菌门 Basidiomycota

伞菌纲 Agaricomycetes

　伞菌目 Agaricales

　　伞菌科 Agaricaceae

　　　蘑菇 *Agaricus campestris*[1][1]

　　　墨汁鬼伞 *Coprinus atramentarius*[2]

　　　毛头鬼伞 *Coprinus comatus*[3]

　　　林生鬼伞 *Coprinus silvaticus*[4]

　　　纯白桩菇 *Leucopaxillus albissinus*[5]

　　珊瑚菌科 Clavariaceae

　　　珊瑚菌 *Ramaria* sp.[6]

　　鬼伞科 Psathyrellaceae

　　　白绒拟鬼伞 *Coprinopsis lagopus*[7]

　　裂褶菌科 Schizophyllaceae

　　　裂褶菌 *Schizophyllum commune*[8]

1　此类序号对应正文的物种编号

球盖菇科 Strophariaceae
    黄伞 *Pholiota adiposa*[9]
丝盖伞科 Inocybaceae
    黄褐丝盖伞 *Inocybe flavobrunnea*[10]
轴腹菌科 Hydnangiaceae
    红蜡蘑 *Laccaria laccata*[11]
膨瑚菌科 Physalacriaceae
    淡褐奥德蘑 *Oudemansiella canarii*[12]
鹅膏菌科 Amanitaceae
    芥黄鹅膏菌 *Amanita subjunquillea*[13]
小菇科 Mycenaceae
    红汁小菇 *Mycena haematopus*[14]

牛肝菌目 Boletales
  硬皮马勃科 Sclerodermataceae
    马勃状硬皮马勃 *Scleroderma areolatum*[15]
  乳牛肝菌科 Suillaceae
    点柄黏盖牛肝菌 *Suillus granulatus*[16]
  铆钉菇科 Gomphidiaceae
    血红铆钉菇 *Chroogomphus rutilus*[17]

鬼笔目 Phallales
  鬼笔科 Phallaceae
    红鬼笔 *Phallus rubicundus*[18]

多孔菌目 Polyporales
  多孔菌科 Polyporaceae
    裂拟迷孔菌 *Daedaleopsis confragosa*[19]
    软异薄孔菌 *Datronia mollis*[20]
    拟多孔菌 *Polyporellus brumalis*[21]
    毛栓孔菌 *Trametes hirsuta*[22]
    云芝 *Trametes* sp.[23]
    木腐菌 *Trametes* sp.[24]
  皱孔菌科 Meruliaceae
    黑管菌 *Bjerkandera adusta*[25]
    白耙齿菌 *Irpex lacteus*[26]

木耳目 Auriculariales
  木耳科 Auriculariaceae
    木耳 *Auricularia auricula-judae*[27]
    毛木耳 *Auricularia polytricha*[28]

刺革菌目 Hymenochaetales
  刺革菌科 Hymenochaetaceae
    锈革菌 *Hymenochaete* sp.[29]
    宽棱木层孔菌 *Phellinus torulosus*[30]

担子菌门

Basidiomycota

伞菌科 Agaricaceae

1. 蘑菇 *Agaricus campestris* L.

　　子实体中等大小。菌盖初时为半球形，后展开呈圆饼状，污白色，附有浅褐色绒毛，边缘有时会有内菌幕残留物。常于林地、路旁等地单生或群生。

图 4-1　蘑菇

2. 墨汁鬼伞 *Coprinus atramentarius*（Bull.）Fr.

　　子实体中等大小。菌盖初期钟形，厚实，淡污褐色，有时附有白色颗粒，具有凹陷条沟棱，似花瓣状，后期一般开始液化，流墨汁状汁液。常于腐木旁丛生。

图 4-2　墨汁鬼伞

3. 毛头鬼伞 *Coprinus comatus*（O. F. Müll.）Pers.

子实体群生。菇蕾期菌盖圆柱形，连同菌柄状似火鸡腿，鸡腿蘑由此得名。后期菌盖呈钟形，高 9~15cm，最后平展。菌盖表面初期光滑，后期表皮裂开，成为平伏的鳞片，初期白色，中期淡锈色，后渐加深。菌肉白色，薄。菌柄白色，有丝状光泽，上细下粗，菌环乳白色，脆薄，易脱落。菌褶密集，与菌柄离生，宽 5~10mm，白色，后变黑色，很快出现墨汁状液体。春、夏、秋季雨后生于田野、林园、路边，甚至茅屋屋顶上。子实体成熟时菌褶变黑，边缘液化。

图 4-3　毛头鬼伞

4. 林生鬼伞 *Coprinus silvaticus* Peck

　　子实体中等偏小。菌盖直径 2~4cm，初期黄棕色，钟形、卵圆形，附有白色附着物，条纹不显著，中央颜色略深，边缘锐；后期菌盖向上翻卷、开裂，条纹显著，逐渐变黑，最后液化。秋季常于阔叶树腐木旁群生。

图 4-4　林生鬼伞

伞菌科 Agaricaceae

5. 纯白桩菇 *Leucopaxillus albissinus*（Peck）Sing.

　　子实体中等大小。菌盖直径 3~8cm，初期扁半球形，白色，边缘内卷，后期展开且中间下凹呈浅漏斗状，颜色变为粉色至肉色，边缘向中间渐深，边缘锐，有时开裂。

图 4-5　纯白桩菇

6. 珊瑚菌 *Ramaria* sp.

　　子实体由基部生出多回分枝，基柄粗大，圆柱状或柱状团块，光滑，基部白色，具粉状斑点，手压后变褐色。菌肉白色，有蚕豆香味；由基部向上分叉，中上部呈多次分枝，成丛，淡粉色、肉桂红色，顶端呈指状丛集，蔷薇红色，老时肉褐色，孢子狭长，脐突一侧压扁，有斜长的斑马纹状平行脊突。

图 4-6　珊瑚菌

鬼伞科 Psathyrellaceae

7. 白绒拟鬼伞 *Coprinopsis lagopus*（Fr.）Redhead, Vilgalys & Moncalvo

　　子实体较小。菌盖直径 2~4cm，棕色，中间颜色深、厚，有明显条纹，附有白色纤毛，初期伞形，后期菌盖向上翻卷，变黑液化。菌褶离生，间距宽，薄，不等长。菌柄淡黄色，实心，长 5~8cm，直径 0.2~0.3cm，弯曲，光滑，略显黑色颗粒。

图 4-7　白绒拟鬼伞

裂褶菌科　Schizophyllaceae

8. 裂褶菌 *Schizophyllum commune* Fr.

　　子实体小。菌盖扇形或近圆形，白色至灰白色，具有绒毛，分成多个裂瓣。菌肉薄，白色。菌褶从底部向外发散而出，沿边缘纵裂而反卷。菌柄短或无。干燥后，形态基本不变。春至秋生于腐木和活立木上。

图 4-8　裂褶菌

球盖菇科 Strophariaceae

9. 黄伞 *Pholiota adiposa*（Batsch）P. Kumm.

子实体中等大小。菌盖初期半球状，淡黄色具密集黄褐色鳞片、边缘较稀疏，内菌幕后期破裂。生于杨、柳等阔叶树活立木、倒木、腐木上。

图 4-9　黄伞

10. 黄褐丝盖伞 *Inocybe flavobrunnea* Wang

　　子实体小。菌盖直径 2~3cm，黄色至褐色，初期钟形，后呈斗笠形，中央凸起尖锐，表面具白色丝状纤毛，老后边缘开裂。生于林地腐殖落叶层，单生或群生。

图 4-10　黄褐丝盖伞

轴腹菌科　Hydnangiaceae

11. 红蜡蘑 *Laccaria laccata*（Scop.）Cooke

　　子实体小。菌盖直径 2~5cm，近平展，中央略下凹，湿润时为水渍，肉红色至淡红褐色，中央颜色深，边缘有明显条纹。菌褶淡肉色，直生，稀疏，不等长。菌柄圆柱形，长 3~6cm，直径 0.4~0.7cm，颜色略浅，弯曲。孢子无色，球形，具小刺。夏、秋季生于林地上或腐殖质层上。

图 4-11　红蜡蘑

12. 淡褐奥德蘑 *Oudemansiella canarii*（Jungh.）Höhnel

子实体中等大小。菌盖直径 3~10cm，表面淡黄褐色至污黄色，中央略有突起、颜色深，边缘锐、内卷。菌柄长 4~8cm，直径 1cm，褐色，有深褐色纤毛形成明显条纹，内部松软，基部膨大、附有白色绒毛。夏、秋季生于林地，单生或群生。

图 4-12　淡褐奥德蘑

鹅膏菌科 Amanitaceae

13.芥黄鹅膏菌 *Amanita subjunquillea* S. Imai

　　子实体小。通体金黄色。菌盖中部颜色深，水浸渍状，表面不光滑，有撕裂状绒毛，边缘有内菌幕留下的痕迹。有菌环，淡黄色，明显。

图 4-13　芥黄鹅膏菌

14. 红汁小菇 *Mycena haematopus*（Pers.）**P. Kumm.**

　　子实体小。菌盖直径 1~2.5cm，钟形至斗笠形，污白色至暗红色，湿润时呈水渍状，具密集放射状长条纹，较光滑，边缘有齿状残留物。菌肉薄，同菌盖色。常生于腐烂落叶层，群生。

图 4-14　红汁小菇

硬皮马勃科　Sclerodermataceae

15. 马勃状硬皮马勃 *Scleroderma areolatum* Ehrenb.

　　子实体小。扁半球形，直径 1~2.5cm，附有浅褐色密集龟裂，包皮薄。菌肉白色，厚。底部较平整，其下开散成许多菌丝束。成熟后，顶部开裂形成喷射孢子的嘴部。孢子球形，深褐色。

图 4-15　马勃状硬皮马勃

16. 点柄黏盖牛肝菌 *Suillus granulatus*（L.）Roussel

　　子实体中等偏大。菌盖近扁平，直径 4~10cm，淡褐色至黄褐色，黏性大，边缘锐、向内翻卷。菌肉白色至淡黄色，厚。菌管直生，淡黄色，管口角形。菌柄圆柱形，略弯曲，长 3~10cm，粗 0.8~1.6cm，淡黄褐色，粗糙。

图 4-16　点柄黏盖牛肝菌

铆钉菇科　Gomphidiaceae

17. 血红铆钉菇 *Chroogomphus rutilus*（Schaeff.）O. K. Mill.

子实体中等大小。菌盖初期钟形或近圆锥形，后平展，中部凸起，浅棕褐色至浅暗红色，直径 3~8cm。菌肉淡红色，干后淡紫红色，近菌柄基部淡黄色。

图 4-17　血红铆钉菇

18. 红鬼笔 *Phallus rubicundus*（Bosc）Fr.

子实体中等大小或偏大。菌盖高 2~3cm，直径 1~1.5cm，红色，近钟形，具网纹格，附有深褐色液体，气味恶臭。菌柄淡红色，向基部颜色渐淡至白色，圆柱形，向基部渐粗，海绵状，多空，松软，长 9~14cm，直径 1~1.5cm。菌托白色，干后开裂，具假根。

图 4-18　红鬼笔

多孔菌科　Polyporaceae

19. 裂拟迷孔菌 *Daedaleopsis confragosa*（Bolton）J. Schröt.

　　子实体中等大小。菌盖半圆形或扇形，扁平，淡土黄色至黄褐色，初期附有细绒毛，易脱落。具同心环纹和密集放射状纵条纹，较光滑，有时会有凸起疣点。木栓质，无菌柄。菌肉近白色至浅褐色。菌管与菌肉同色，基部有时呈迷宫状，边缘有少数分叉，菌管长条状，菌管壁薄，常呈锯齿状。

图 4-19　裂拟迷孔菌

20. 软异薄孔菌 *Datronia mollis* （Sommerf.）Donk

　　子实体小。平伏于枝干上生长，质韧。边缘白色，无菌管，具白色长绒毛。中部浅褐色，有菌管，多边形，菌管壁厚、白色，菌管长度从中部向边缘逐渐缩短。子实体相互之间可连接在一起，连接处明显，无菌管，呈白色。成熟后菌盖翻卷，菌管变褐色，且开裂呈齿状。

图 4-20　软异薄孔菌

多孔菌科　Polyporaceae

21. 拟多孔菌 *Polyporellus brumalis*（Pers.）P. Karst.

　　子实体小或中等。菌盖扁半球形至平展，表面褐色、黄褐色、黄灰色至暗灰色，干时土黄色，中部稍呈脐状，颜色深，幼时有微细刚毛，后逐渐脱落，边缘薄，干时向内翻卷。菌肉白色。菌管延伸菌柄上，白色，圆形至多角形，边缘完整。菌柄污白色至淡黄色，附有绒毛，后期绒毛脱落。

图 4-21　拟多孔菌

22. 毛栓孔菌 *Trametes hirsuta*（Wulfen）Lloyd

　　子实体中等偏小。一年生，无柄，单生或覆瓦状叠生。菌盖扁平，半球形或扇形，新鲜时乳白，后变为奶油色至浅棕黄色，被硬毛和细微绒毛，有明显的同心环纹和环沟，边缘锐、颜色浅。菌肉乳白色，新鲜时革质，有芳香味，干后硬革质。菌管初期白色，后期呈浅褐色，边缘颜色浅，孔口多角形。

图 4-22　毛栓孔菌

多孔菌科 | Polyporaceae

23. 云芝 *Trametes* sp.

云芝体积较小，无柄，呈覆瓦状或莲座状。菌盖较薄，宽 2~8cm，厚 0.1~0.4cm，呈半圆形至贝壳状。革质表面有细长的绒毛，多种颜色组成狭窄的同心环，边缘较薄，呈波浪状。云芝菌肉为白色。

图 4-23　云芝

24. 木腐菌 *Trametes* sp.

引起树木和木材腐朽。

图 4-24　木腐菌

皱孔菌科 Meruliaceae

25. 黑管菌 *Bjerkandera adusta*（Willd.）Karst.

　　子实体中等偏小。菌盖平展或贝壳状，有时互相连接在一起。初期质软，后期质硬，背面淡灰色，具密集短绒毛，有环痕，边缘锐，略波浪状，干燥后内卷。无菌柄。菌管褐色，菌孔近圆形至多角形，褐色至黑色，高低不平。

图 4-25　黑管菌

26. 白耙齿菌 *Irpex lacteus*（Fr.）Fr.

　　子实体中等大小。平伏生于基物上，呈片状，具淡黄色密集舌状菌齿，初期菌齿柔软，干燥后菌齿质硬。菌肉紧贴基物，白色，边缘无菌齿生长。后期干燥后子实体有时开裂，容易脱落。生于榆树等阔叶树枯枝上。

图 4-26　白耙齿菌

木耳科　Auriculariaceae

27. 木耳 *Auricularia auricula-judae*（Bull.）Quél.

子实体小。耳状或贝壳状，较光滑，附有稀疏短绒毛，无菌柄，有明显的基部附着于基物上。边缘有时波浪状，无绒毛，钝。初期质地胶质，软，后期质地变硬，干后收缩，变为黑色硬而脆的角质至近革质。

图 4-27　木耳

28. 毛木耳 *Auricularia polytricha*（Mont.）Sacc.

　　子实体小。耳状或不规则形，新鲜时胶质，干后收缩变硬。子实层外面具有淡灰色密集绒毛。子实层里面紫色，后期渐渐变黑，表面光滑或略有褶皱。无菌柄，有明显基部，略皱。

图 4-28　毛木耳

刺革菌科 Hymenochaetaceae

29. 锈革菌 *Hymenochaete* sp.

子实体平伏，贴基物生长，不易剥离，新鲜时革质，干后较硬碎，形状不规则，多为长方圆形、椭圆形，子实层紫红色或暗血红色，后期或干时呈土褐红色或豆沙色。孢子长椭圆形或长方椭圆形，无色平滑。

图 4-29　锈革菌

30. 宽棱木层孔菌 *Phellinus torulosus*（Pers.）Bourdot & Galzin

　　子实体中等大小。菌盖扁平，边缘较厚。无菌柄，子实体紧贴树干生长。质地木质，坚硬。黄褐色，背面有数道同心环棱，后期背面绒毛消失，变为灰褐色且类似树皮的龟裂，有时附有苔藓，呈灰青色。菌肉锈褐色。菌管多层，但层次不明显，与菌肉同色，管口颜色暗，圆形，管壁厚。

图 4-30　宽棱木层孔菌

5 其他病害

在调查过程中除真菌病害和大型真菌外，还发现黏菌和4种生理性病害即元宝枫生理性枯死、杨树破腹病、桃树流胶病、银杏蕉叶病。另外，发现1种列入"全国林业危险性有害生物名单"的有害植物，即中国菟丝子。

1. 元宝枫生理性枯死

【病害症状】元宝枫生理性枯死属生理性病害，本质原因在于根部吸收和营养供给不足。尤其是在持续高温和干旱的情况下，6月初就出现叶片失绿，叶缘至叶片焦枯，树势衰弱，最后可整株枯死。

图 5-1　元宝枫生理性枯死表观症状

2. 杨树破腹病

【病害症状】杨树破腹病，又称冻癌，是一种生理性病害，主要危害杨树树干。树皮自地面至高 1.5~2.0m 处裂开，树皮干枯死亡，影响杨树正常生长，严重时甚至造成大面积死亡。

图 5-2　杨树破腹病表观症状

3. 桃树流胶病

【病害症状】桃树流胶病主要发生在枝干上。一年生枝染病，初时以皮孔为中心产生疣状小突起，后扩大成瘤状突起物，翌年5月左右病斑扩大开裂，溢出半透明状黏性软胶，后变茶褐色，质地变硬，吸水膨胀成胨状胶体，严重时枝条枯死。多年生枝受害产生水泡状隆起，并有树胶流出，受害处变褐坏死，严重者枝干枯死，树势明显衰弱。

图 5-3　桃树流胶病表观症状

4. 银杏蕉叶病

【病害症状】银杏蕉叶病属生理性病害，本质原因在于根部吸收和营养供给不足。尤其是在持续高温和干旱年份，6月初就出现叶片失绿，叶缘至叶片焦枯，持续多年，树势衰弱，最后死亡。

图 5-4　银杏蕉叶病

A、B. 银杏蕉叶病表观症状

5. 黏菌

【寄　　主】柳树 *Salix matsudana* Koidz.

　　黏菌是介于动物和真菌之间的生物。大多数为腐生菌。在生长期或营养期为裸露的无细胞壁多核的原生质团，称为变形体。其营养构造、运动、摄食方式和原生动物中的变形虫相似。在繁殖期产生具纤维质细胞壁的孢子，具有真菌性状。无直接经济意义，极少数寄生在经济植物上，危害寄主。

【病害症状】在繁殖期产生具纤维质细胞壁的孢子，孢子成堆时褐色，近球圆形，突出寄主表面。

图 5-5　柳树黏菌表观症状

6. 中国菟丝子 *Cuscuta chinensis* Lam.

一年生寄生草本。茎缠绕，黄色，纤细，直径约 1mm，无叶。花序侧生，少花或多花簇生成小伞形或小团伞花序。通常寄生于豆科、菊科、藜科等多种植物上。

图 5-6　中国菟丝子

参 考 文 献

蔡怀頔，刘红霞，郭一妹，崔国发 . 2003. 北京松山自然保护区大型真菌调查初报 . 生态科学，22（3）：
  250-251.

陈青君 . 2013. 北京野生大型真菌图册 . 北京：中国林业出版社 .

陈青君，程继鸿，杜园园，王庆彬，姚一建 . 2006. 北京地区大型真菌资源初步调查 . 北京农学院学
  报，21（2）：39-43.

陈祥照 . 1985. 桃树流胶病的研究——Ⅰ . 病原特性及其发病规律 . 植物病理学报，15（1）：53-57.

戴芳澜 . 1979. 中国真菌总汇 . 北京：科学出版社 .

戴玉成 . 2003. 一种新的药用真菌——瓦尼木层孔菌（杨黄）. 中国食用菌，22（5）：7-8.

戴玉成，秦国夫，徐梅卿 . 2000. 中国东北地区的立木腐朽菌 . 林业科学研究，13（1）：15-22.

傅俊范，林秋君，严雪瑞，王琦，彭超 . 2011. 辽宁树莓黏菌病发生初报及病原鉴定 . 中国植保导刊，
  31（5）：52-52.

郝德旺，张艺扉，杨光辉，王守现，宋渊，王贺祥，刘庆洪 . 2009. 北京市小龙门国家森林公园大型
  真菌名录 . 中国食用菌，28（6）：16-17.

何刚，闫淑珍，陈双林 . 2014. 珊瑚菌分类的调整变化 . 中国菌物学会会员代表大会 .

胡雁春 . 2011. 园林植物菟丝子害及其防治方法的探讨 . 内江科技，32（3）：105.

李博，孙丽华 . 2016. 中国大型真菌野外采集及分类研究分析方法简述 . 绿色科技，（18）：176-181.

李建宗 . 2003. 中国硬皮马勃属研究 . 湖南师范大学自然科学学报，26（4）：60-64.

李节法，王世平，张才喜 . 2012. 桃树流胶病的发生和防治新技术研究进展 . 中国南方果树，41（6）：
  36-40.

李艳春，杨祝良 . 2011. 广义粉孢牛肝菌属的支系发生与演化 . 中国菌物学会会员代表大会暨 2011 年
  学术年会 .

刘波，鲍运生 . 1982. 中国鬼笔属真菌 . 山西大学学报（自然科学版），（4）：97-104.

杨丽丽 . 2007. 东北地区白粉菌分类学研究 . 长春：吉林农业大学硕士学位论文 .

Adams G. C., Roux J., Wingfield M. J. 2006. *Cytospora* species（Ascomycota, Diaporthales,

Valsaceae）：introduced and native pathogens of trees in South Africa. Australasian Plant Pathology，35
（5）：521-548.

Adams G. C.，Wingfield M. J.，Common R.，Roux J. 2004. Phylogenetic relationships and morphology of
Cytospora species and related teleomorphs（Ascomycota，Diaporthales，Valsaceae）from *Eucalyptus*.
Studies in Mycology，52：1-144.

Aveskamp M. M.，de Gruyter J.，Woudenberg J. H. C.，Verkley G. J. M.，Crous P. W. 2010. Highlights
of the Didymellaceae：a polyphasic approach to characterise *Phoma* and related pleosporalean genera.
Studies in Mycology，65：1-60.

Blomquist C. L.，Rooney-Latham S.，Barrera N. 2017. First report of Verticillium wilt caused by
Verticillium dahliae on Fava Bean in the United States. Plant Disease，101（2）：384.

Braun U. 2012. Taxonomic manual of the Erysiphales（powdery mildews）. Utrecht：CBS-KNAW Fungal
Biodiversity Center：11.

Braun U.，Takamatsu S. 2013. Phylogeny of Erysiphe，Microsphaera，Uncinula（Erysipheae）and
Cystotheca，Podosphaera，Sphaerotheca（Cystotheceae）inferred from rDNA ITS sequences-some
taxonomic consequences. Schlechtendalia，4：1-33.

Choi J. K.，Kim B. S.，Choi I. Y.，Cho S. E.，Shin H. D. 2014. First report of powdery mildew caused by
Golovinomyces artemisiae on *Artemisia annua* in Korea. Plant Disease，98（7）：1010.

Erper I.，Karaca G. H.，Türkkan M. 2010. First report of *Phyllactinia fraxini* causing powdery mildew on
ash in Turkey. Plant Pathology，59（6）：1168.

Fan X. L.，Liang Y. M.，Ma R.，Tian C. M. 2014. Morphological and phylogenetic studies of *Cytospora*
（Valsaceae，Diaporthales）isolates from Chinese scholar tree，with description of a new species.
Mycoscience，55（4）：252-259.

Fan X. L.，Yang Q.，Cao B.，Liang Y. M.，Tian C. M. 2015. New record of *Aplosporella javeedii* on five
hosts in China based on multi-gene analysis and morphology. Mycotaxon，130（3）：749-756.

Fan X.，Hyde K. D.，Liu M.，Liang Y.，Tian C. 2015. *Cytospora* species associated with walnut canker
disease in China，with description of a new species *C. gigalocu*s. Fungal Biology，119（5）：310-319.

Fries N.，Neumann W. 1990. Sexual incompatibility in *Suillus luteus* and *S. granulatus*. Mycological
Research，94（1）：64-70.

Garrido N. 1986. Survey of ectomycorrhizal fungi associated with exotic forest trees in Chile. Nova Hedwigia
（Germany，FR），43：423-442.

Grant J. F.，Windham M. T.，Haun W. G.，Wiggins G. J.，Lambdin P. L. 2011. Initial assessment of
thousand cankers disease on black walnut，*Juglans nigra*，in eastern Tennessee. Forests，2（3）：741-
748.

Heluta V. P.，Takamatsu S.，Siahaan S. A. 2017. *Erysiphe salmonii*（Erysiphales，Ascomycota），another
East Asian powdery mildew fungus introduced to Ukraine. Ukranian Botanical Journal，61：27-33.

Hiratsuka N., Sato S., Katsuya K., Kakishima M., Hiratsuka Y., Kaneko S., Nakayama K. 1992. The Rust Flora of Japan. Ibaraki : Tsukuba Shuppankai : 1205.

Hirooka Y., Rossman A. Y., Chaverri P. 2011. A morphological and phylogenetic revision of the *Nectria cinnabarina* species complex. Studies in Mycology, 68 : 35-56.

Hirooka Y., Rossman A. Y., Samuels G. J., Lechat C., Chaverri P. 2012. A monograph of *Allantonectria*, *Nectria*, and *Pleonectria* (Nectriaceae, Hypocreales, Ascomycota) and their pycnidial, sporodochial, and synnematous anamorphs. Studies in Mycology, 71 : 1-210.

Hong S. H., Choi Y. J., Cho S. E., Park J. H., Shin H. D. 2016. First report of powdery mildew caused by *Golovinomyces cichoracearum* on *Tragopogon dubius* in Korea. Plant Disease, 100 (7) : 1496.

Jamali S. 2015. Molecular phylogeny of endophytic isolates of *Ampelomyces* from Iran based on rDNA ITS sequences. Molecular Biology Reports, 42 (1) : 149-157.

Kasanen R., Hantula J., Vuorinen M., Stenlid J., Solheim H., Kurkela T. 2004. Migrational capacity of Fennoscandian populations of *Venturia tremulae*. Mycological Research, 108 (1) : 64-70.

Kobayashi T. 2007. Index of fungi inhabiting woody plants in Japan-Host, distribution and literature. Journal of tree Health, 11 (3) : 142.

Lahbib A., Chattaoui M., Aydi N., Zaghouani H., Beldi O., Daami-Remadi M., Nasraoui B. 2016. First report of *Schizophyllum commune* associated with apple wood rot in Tunisia. New Disease Reports, 34 : 26.

Lawrence D. P., Travadon R., Pouzoulet J., Rolshausen P. E., Wilcox W. F., Baumgartner K. 2017. Characterization of *Cytospora* isolates from wood cankers of declining grapevine in North America, with the descriptions of two new *Cytospora* species. Plant Pathology, 66 (5) : 713-725.

Paul V. S., Thakur V. S. 2011. Indian Erysiphaceae. Indian Phytopathology, 60 (2) : 279.

Pinon J., Newcombe G., Chastagner G. A. 1994. Identification of races of *Melampsora larici-populina*, the Eurasian poplar leaf rust fungus, on *Populus* species in California and Washington. Plant Disease, 78 (1) : 101.

Rajchenberg M., Robledo G. 2013. Pathogenic polypores in Argentina. Forest Pathology, 43 (3) : 171-184.

Senanayake I. C., Crous P. W., Groenewald J. Z., Maharachchikumbura S. S., Jeewon R., Phillips A. J., Tangthirasunun N. 2017. Families of Diaporthales based on morphological and phylogenetic evidence. Studies in Mycology, 86 : 217-296.

Spiers A. G., Hopcroft D. H. 1998. Morphology of *Drepanopeziza* species pathogenic to poplars. Mycological Research, 102 (9) : 1025-1037.

Thines M., Choi Y. J., Kemen E., Ploch S., Holub E. B., Shin H. D., Jones J. D. 2009. A new species of Albugo parasitic to *Arabidopsis thaliana* reveals new evolutionary patterns in white blister rusts (Albuginaceae). Persoonia, 22 : 123.

Udayanga D., Castlebury L. A., Rossman A. Y., Chukeatirote E., Hyde K. D. 2014. Insights into the genus *Diaporthe*: phylogenetic species delimitation in the *D. eres* species complex. Fungal Diversity, 67（1）: 203-229.

Xu C., Wang C., Ju L., Zhang R., Biggs A. R., Tanaka E., Sun G. 2015. Multiple locus genealogies and phenotypic characters reappraise the causal agents of apple ring rot in China. Fungal Diversity, 71（1）: 215-231.

Yang Q., Fan X. L., Du Z., Tian C. M. 2017. *Diaporthe juglandicola* sp. nov.（Diaporthales, Ascomycetes）, evidenced by morphological characters and phylogenetic analysis. Mycosphere, 8（5）: 817-826.

Zhuang W. 2005. Fungi of Northwestern China. Ithaca, NY: Mycotaxon. Ltd.: 430.